AF476578

LA VÉRITÉ

SUR LE

FILS DE LOUIS XVI.

BROCHURE INTÉRESSANTE

CONTENANT

1° Une lettre du fils de Louis XVI, connu sous le nom de M. l'ex-baron de Richemont, Paris, 6 janvier 1849; 2° deux articles remarquables sur ce prince infortuné, faits par M. de la Salette, et insérés dans la *Revue catholique*, nos des 15 novembre et 15 décembre derniers; 3° un dialogue d'un noble milanais sur les événements arrivés en Europe et en France surtout depuis 1800 jusqu'à 1849; 4° la prophétie d'Orval, texte et commentaire donné par le noble Italien; 5° quelques réflexions faites à ce sujet par un montagnard du Dauphiné, et quelques faits nouveaux ajoutés sur le fils de Louis XVI.

Prix : 50 cent.

Grenoble,

CHEZ BARATIER FRÈRES ET FILS, IMPRIMEURS-LIBRAIRES,

Grand'rue, n° 4.

1849.

Grenoble, imp. de C.-P. Baratier.

AVANT-PROPOS.

L'impression de cette notice historique touchait à sa fin, quand a paru dans l'*Univers*, et dans quelques autres journaux, une *lettre* tendant à infirmer l'authenticité de la *prophétie d'Orval*. Cette lettre, comme tout le monde a pu le remarquer, n'est point assez explicite; elle n'a donc rien changé à nos convictions. D'ailleurs, on ne raisonne point contre les faits : or, il est incontestable que cette *prophétie* était comme avant notre première révolution. Il n'est pas, je crois, un seul département où plusieurs familles ne possèdent des manuscrits datant de cette époque, et de bien plus loin.

Qu'on ne nous soupçonne pas d'être l'artisan d'aucun parti : hélas! trop d'irritation dans les esprits a déjà amené tant de maux sur notre infortunée patrie, que nous regarderions comme un crime impardonnable tout ce qui tendrait à entretenir des divisions qui l'ont couverte de honte, de sang et de ruines. Mais si une noble infortune existe, si l'orphelin du temple est vivant, si la providence avait conservé le fils de Louis XVI pour cicatriser les plaies de notre beau pays de France en proie aux déchirements et à la misère, garder le silence, ne serait-ce pas aussi trahison, lâcheté et crime?..

Au reste, que voulons-nous? — Une seule chose : connaître la vérité. Vingt années d'études, de recherches et de travail ont établi nos convictions. Lisez sans préventions ces quelques lignes que nous livrons à l'examen du public, et, si des témoignages viennent démentir nos paroles et renverser nos preuves, nous serons heureux de publier que nous avons été dans l'erreur.

LA VÉRITÉ

sur le

FILS DE LOUIS XVI.

1° Lettre du fils de Louis XVI.

Paris, le 6 janvier 1849.

Monsieur le Directeur de la *Revue catholique*,

J'ai lu dans les numéros du 19 novembre et du 15 décembre de la *Revue catholique*, deux articles qui me concernent, et qui, dites-vous, vous ont été communiqués. Je ne puis que vous remercier, vous, de les avoir accueillis, et M. de la Salette de les avoir publiés. Si les organes de la presse montraient, en ce qui me regarde, autant de loyauté et d'impartialité que vous en avez mis dans cette circonstance, une grande injustice qui, depuis longtemps, pèse sur la France, serait bientôt réparée, et mon infortunée et généreuse patrie ne tarderait pas à me rendre le nom de mon père, qui n'a jamais respiré que pour son bonheur, et qui fut pour elle une victime pure; elle s'empresserait, je n'en doute pas, d'accorder et de reconnaître à son fils qui, lui aussi, est depuis longtemps une victime de nos discordes civiles, les droits de citoyen français, le seul but de son ambition.

Vous avez dit, Monsieur, qu'on m'accusait d'être un intrigant, un escroc, un agent de la police, etc., et vous avez porté le défi qu'on le prouve, que vous en accueilleriez les preuves avec l'impartialité qui vous caractérise; je vous en remercie de nouveau. J'en porte moi-même le défi hautement, et soyez sûr que nul au monde ne l'acceptera; parce que nul au monde ne pourra jamais prouver que je ne sois pas le prisonnier du Temple et de Milan, ni que j'ai jamais déshonoré par ma conduite l'infortuné Louis XVI, ce martyr que la France chrétienne se glorifie d'avoir eu pour roi et moi pour père et pour modèle. Soyez assez bon, Monsieur, pour insérer cette lettre dans votre prochaine livraison, et agréez, etc. »

L'ex-baron de RICHEMONT, boulevard Beaumarchais, 83.

Nous le demandons à tout lecteur impartial : est-ce là le langage d'un intrigant? un escroc parle t-il avec cette noble simplicité? un agent de la police est-il accoutumé à une candeur d'expression si remarquable? un imposteur porterait-il un défi pareil à toute la France, à l'Europe entière? Quoi, il n'y a pas de gamin à Paris et dans nos autres provinces dont la police ne parvienne à découvrir le lieu de naissance, la famille et la conduite! et depuis cinquante-cinq ans que les agents de la police et les séides des différents pouvoirs qui se sont successivement renversés, poursuivent, arrêtent, condamnent arbitrairement et jettent dans les cachots M. l'ex-baron de Richemont, ils n'ont jamais pu lui trouver et lui assigner une autre origine que celle qu'il se donne! Cependant il leur a été facile d'établir la généalogie et de montrer l'imposture des Hervagnault, des Mathurin Bruneau, des Fontolive, des Persat, des Naïndorff, autant de faux dauphins, lancés la plupart par une puissance subalterne, mais soutenue et largement salariée, pour étouffer la voix du véritable que l'on pourchassait comme une bête fauve. Tout dans cette lettre, qui nous révèle la plus noble et la plus longue infortune qui fut jamais, éclaire l'esprit et attendrit le cœur. Les pensées, les paroles, les expressions, respirent l'amour, l'abnégation, l'oubli et le pardon, et nous forcent, comme malgré nous, d'avouer et de publier hautement que celui qui l'a écrite ne peut être, ainsi qu'il l'assure, que le fils de l'infortuné Louis XVI, ce saint roi, l'honneur de notre belle France, martyr de sa foi et de sa charité.

1er Article. — Le fils de Louis XVI.

Il est temps que nous parlions au public, car nos pensées nous accablent, nos convictions nous pressent, notre dévouement nous aiguillonne comme un remords, et les événements accélèrent leur marche. Quoi! depuis plus d'un demi-siècle, ce fils de vingt lignées royales est pourchassé sous toutes les latitudes du ciel, et pas un ami n'a le courage d'élever la voix en sa faveur! Complices de la Convention, des despotes hypocrites ont lâché sur lui leurs polices, ont armé contre lui leurs tribunaux, l'ont détenu dans leurs cachots, ont semé ses traces d'assassinats, et, dans ce temps où les peuples chassent leurs rois, personne n'a le courage de demander un nom, une patrie, une famille, un domicile pour cet éternel proscrit des potentats. Pour nous, il y a quinze ans que cette question de l'existence du fils de Louis XVI sollicitait notre examen et notre assentiment; mais comme nous n'avions rencontré que des intrigants qui se sont efforcés de voler les malheurs du proscrit, comme des rois lui avaient soustrait ses droits, nous n'avons éprouvé que du mépris pour tous ces faux dauphins ou ducs de Normandie, dont on n'a probablement fait tant de bruit que parce qu'on les a crus nécessaires pour tuer le véritable. Ni leurs partisans honteux et ruinés, ni leurs livres niais et absurdes, ni leurs miracles ridicules, ni leurs prophètes condamnés par l'Eglise et flétris par les tribunaux, n'ont pu mériter notre intérêt ou nous engager à un examen du fond de la question; et que de personnes graves, prudentes et éclairées, n'ont comme nous et pour les mêmes motifs, qu'un invincible mépris pour l'examen de cette importante question, et par là se rendent injustes envers l'intéressante victime de nos vieilles discordes? Qu'elles veuillent bien lire avec calme et sans prévention ces quelques lignes qui pourront aider la droiture de leur raison. Il y a deux ans, un ami nous offrit à lire les

Mémoires d'un contemporain (1); ne pouvant guère nous refuser aux instances de l'amitié, nous acceptâmes ce livre et nous le jetâmes sur notre bureau. Huit ou quinze jours après, dans un moment de fatigue, et n'ayant rien de mieux à faire, nous essayâmes de lire ces mémoires. Cela nous parut d'abord naturel, simple et empreint d'un caractère tout particulier de vérité. Bientôt l'intérêt nous saisit, la gravité des preuves données, avec une entière bonne foi, nous imposèrent le respect de la cause qu'on y plaide. Nous comprîmes que nous avions devant nous une grave question historique, quelque chose comme une découverte archéologique qu'il faut établir avec les preuves scientifiques qui lui conviennent; car il n'est pas possible de traiter cet homme comme on traite le premier venu; il n'y a ici ni actes civils, ni notoriété publique à invoquer. Au contraire, un acte du 12 juin 1795 le déclare mort, et c'est sur quoi beaucoup de personnes s'abusent. Cet homme n'est pas un simple homme, il est un fait, un fait vivant, la clef qui ouvre les mystères politiques des soixantes dernières années de l'histoire de l'Europe et du monde. Sans lui rien n'est explicable; il est donc vrai, oserons-nous dire,

(1) Un volume in-8°; prix, 5 fr., chez Guyot, à Lyon, etc.

puisqu'il est nécessaire. Nous n'avons pas seulement lu les *Mémoires*, mais nous avons encore eu dans les mains des témoignages authentiques qui ne s'y trouvent pas. Nous avons impartialement examiné, et nous le déclarons, comme faits, les deux questions de *l'existence* et de *l'identité* sont, à nos yeux, scientifiquement résolues en faveur de l'homme connu dans le monde sous le nom de l'ex-baron de Richemont; il est invinciblement établi à nos yeux qu'il est le fils de Louis XVI. Aussi, parmi les nombreux contradicteurs que nous avons entendus, il n'en est aucun qui ait sérieusement et impartialement lu les *Mémoires*; tous ceux qui les ont réellement lus ont été convaincus ou désarmés.

Mais il est un autre genre de preuves que nous pouvons appeler *le témoignage de la conscience*. Ce témoignage s'acquiert dans le commerce intime de la vie où les âmes se sentent, où elles se touchent, pour ainsi dire, à nu. Or, nous avons le bonheur de jouir de l'intimité de l'ex-baron, et nous n'avons jamais senti en lui que la loyauté, la franchise, la droiture, la candeur, et même une simplicité qui égale sa haute raison. Nous avons été témoin de l'examen qu'en ont fait des hommes éminents qui ont été convaincus comme nous. Sans doute tout le monde ne peut pas avoir cette preuve; mais s'il faut que tout soit démontré à tout le monde par les procédés individuels, il n'y a plus de société ni de certitude possible. Au reste, il y a dans ce genre même des preuves publiques accessibles à tous. Ainsi cet homme affirme qu'il est le fils de Louis XVI; il le prouve dans des écrits publics où son âme s'est épanchée, et il faut être doué d'un esprit bien étroit, ce nous semble, pour ne pas sentir le naturel, la droiture et la véridicité qui éclatent dans ces écrits (1). Mais, enfin, cet homme en appelle aux tribunaux, à la représentation nationale, à la publicité, à la France, à l'Europe. Il ne se lasse pas d'envoyer ses incessantes réclamations, en reconnaissance d'état civil, successivement à tous les pouvoirs, au gouvernement provisoire, à l'Assemblée nationale, au Président du pouvoir exécutif, aux journaux, etc., en attendant qu'il puisse le faire judiciairement devant les tribunaux. Cet homme est sérieux; il faut qu'il soit discuté, examiné. Il demande la lumière, pourquoi, jusqu'à présent ne lui a-t-on répondu que par la nuit des cachots et le silence du mépris? De quel côté se trouvent la bonne foi et la justice? Mais si c'est un intrigant, un homme de la police, pourquoi tous les partis sont-ils d'accord pour étouffer sa

(1) Biographie de Louis-Charles de France, etc., chez le même libraire.

voix ? Tous ont été mis en demeure d'apporter leurs lumières pour éclairer le fond de ce mystère ; que n'appellent-ils donc cet intrigant au grand jour pour se donner le plaisir de voir ses prétentions fondre comme de la cire? Mais cet homme ne se présente pas seulement les mains pleines de preuves à l'examen de tous les partis ; il cite de nombreux témoins vivants, appartenant aux classes instruites de la société, et pas un de ces témoins ne lui a donné un démenti. Sont-ils aussi des intrigants ou peut-être des fous? Eh! où en sommes-nous, s'il suffit de l'outrage pour renverser une démonstration ou annuler un témoignage! Et cependant nous en sommes là. La Convention, le Consulat, l'Empire, la Restauration, le gouvernement de Juillet, tous les pouvoirs ont eu pour cet étrange proscrit des polices, des cachots et des sicaires. Aujourd'hui tous les partis intrigants sont armés d'injures et s'entendent à appesantir sur cet infortuné l'oppression du silence et du mépris. Cet homme les gêne donc bien! Par cette conspiration du silence et de l'injure qu'ils emploient, un certain parti légitimiste et tous les partis monarchiques prouvent qu'ils sont sans loyauté, sans bonne foi, sans justice même. Que disent-ils : —Il y a tant de faux Dauphins ou ducs de Normandie? — C'est parce que le véritable existe. — Mais c'est un fou? — Non, l'auteur des *Mémoires d'un contemporain* n'est pas un fou ; c'est la plus haute capacité politique que nous connaissions. — Mais c'est un intrigant immoral? — Non, il ne faut pas confondre l'ex-baron de Richemont avec certains misérables justement flétris. Nous mettons au défi qu'on prouve une bassesse, et nous attestons que le fils de Louis XVI est orné des plus belles et des plus aimables vertus. — Mais ce serait affaiblir notre parti; ce serait accuser d'usurpation tous les régimes passés; j'ai lu les *Mémoires*, *je ne puis pas* dire que ce n'est pas le fils de Louis XVI; mais *je ne veux pas dire* que c'est lui, ce serait accuser la duchesse d'Angoulême » (*historique*). — Il est évident que la loyauté, la bonne foi, la justice ne comptent plus. — Mais, l'intérêt politique, cependant?... Ah! l'intérêt politique, c'est-à-dire, l'iniquité, l'injustice!... mais c'est justement là la cause de l'affaiblissement et de l'impuissance des partis, de la déchéance et de la ruine des nations. *Regnum à gente in gentem transfertur propter injustitias, et injurias, et contumelias, et diversos dolos* (Eccl. X, v. 8). Au point de vue de la République, la cause de l'ex-baron de Richemont a un autre genre de gravité. Pourquoi le gouvernement provisoire, pourquoi la commission administrative, pourquoi l'Assemblée nationale, et le comité de la justice, et les membres de l'Assemblée, et le Président du gouvernement, et tous les journaux de Paris, excepté la *Voix de l'Eglise*, auxquels les réclamations d'état civil de l'ex-baron ont été itérativement adressées, ont-ils tous unanimement gardé un silence de mort?... Est-ce que, comme républicains, ils n'ont pas intérêt à débarrasser la république des agissantes espérances des partis monarchiques? ou bien ne croiraient-ils pas à la sincérité de ce paisible vieillard, qui a donné tant de gages de son désintéressement? Mais ne voit-on pas que tant qu'il y aura des prétendants, il y aura des agitateurs? Or, le seul qui, dans le système monarchique, puisse se dire prétendant légitime, est le seul aussi qui n'aspire qu'au titre de citoyen. Mais en face du fils de Louis XVI reconnu, de quel droit les légitimistes pourraient-ils se dire tels? De quel droit les orléanistes pourraient-ils afficher des prétentions? De quel droit les bonapartistes viendraient-ils agiter les vieilles aigles de l'Empire?... Et si *Louis-Charles de France* ne demande que son nom et les droits de citoyen de la république, qui dorénavant pourrait, sans usurpation flagrante, aller ramasser la couronne? Les races royales seront désormais éteintes, et la couronne n'est pas une épave que chacun puisse ramasser quand un autre l'a abandonnée.

Nous parlons toujours au point de vue de la république. Eh bien! les partis républicains ne font donc preuve ni de loyauté, ni de bonne foi, ni de raison, ni de justice. En sorte que, devançant l'histoire, nous pouvons adresser à tous les partis les mêmes avertissements. Quoi de plus accablant, leur dirons-nous, pour les maximes modernes de liberté, d'égalité, de fraternité, que l'histoire de cet éternel proscrit, attaché, comme un témoignage de mensonge, à tous les régimes qui ont vécu en France et en Europe depuis plus d'un demi-siècle! Quoi de plus honteux pour la civilisation moderne, et particulièrement pour la sincérité républicaine, que ce *paria* qui vit au milieu de nous, sans nom, sans famille, sans épouse, sans enfant, sans domicile, sans patrie, sans propriété, sans droits, sorte de fantôme dont on nie jusqu'à l'existence, pour ne pas se voir obligé de reconnaître son origine et les droits qui en dépendent. Quoi de plus accusateur contre notre siècle tant vanté, que ce nouveau *masque de fer*, éternel reclus de la violence ou de la peur, de l'injustice ou du dédain, dont les *Mémoires*, si puissants de raison et de preuves, s'attachent à l'histoire moderne comme un remords inexpié!!! Pourquoi, en effet, étouffer éternellement la voix de l'orphelin sous la compression du silence? Est-ce que la France se croit hallucinée? Quoi! le président de l'Assemblée nationale et tous les réprésentants, le président du gouvernement et tous les journalistes, etc..., ont reçu une réclamation d'état civil en bonne et due forme ; cette réclamation gît depuis six mois dans le comité de la justice, après avoir passé par les mains du président Buchez ; et ces comités qui relateraient dans leurs rapports la pétition d'un simple garde champêtre de village demandant à faire changer le galon de son chapeau ; et ces journaux qui ne laisseraient pas passer le cadavre d'un chien sans raconter le drame de sa mort, se taisent de concert !... parce que le réclamant se dit fils de roi, c'est un fantôme, c'est une vision vaine, une hallucination qu'on repousse avec dédain, et nul ne trahit cette conspiration du mépris !... Mais, Messieurs, le fantôme a chair et os ; il va et vient ; il vit et respire, il parle, il écrit. Oui, il écrit ; il appelle la France, l'Europe et le monde à l'examiner, à le palper, à discuter ses preuves, à le confondre s'il est faussaire, à lui rendre simplement le nom de son père et le titre de citoyen s'il est incontestablement ce qu'il se dit être. Après cela, si c'est parmi vous un crime indélébile d'avoir dans ses veines du sang de roi, eh bien ! vous le proscrirez ; ce sera au moins rationnel. Mais l'oppression du silence et du mépris qui maintient la mort dont un acte irrégulier en la forme et notoirement frauduleux au fond, a frappé le fils de Louis XVI ;

cette oppression n'est pas qualifiable, tant elle est sauvage. Nous le déclarons aux partis monarchiques, après avoir servi de bonne foi l'Empire, la Restauration, et le gouvernement de Juillet, ils s'exposent à conspirer et à servir sciemment des usurpateurs nouveaux; et par là ils tuent leur cause; ils lui plongent au cœur le poignard de la logique; ils flétrissent le trône et déshonorent leur parti dans l'histoire. Et ceci, nous le disons à tous les partis; oui, par leur conduite dans cette affaire, tous se déshonorent devant l'histoire. Car, qu'on le sache bien, la démonstration de l'ex-baron de Richemont grandit et grandira de plus en plus à mesure que sa personne sera moins exposée. Voilà qu'un *Mémoire judiciaire* se prépare en même temps que nous écrivons ceci, et va être prochainement publié. Ensuite un procès en reconnaissance d'état civil sera intenté en première instance; des avocats et des hommes éminents dirigent cette affaire et se chargent de la faire triompher. Un jour vient où le triomphe de cette cause changera la face de l'histoire moderne... Oui, le triomphe vient à grands pas; pendant que notre plume trop lente trace ces lignes, il grandit silencieusement; il s'élance par-dessus le bruit des peuples en révolution. Après six mois d'attente, l'Assemblée nationale et le gouvernement qui, par les documents que les chancelleries mettent à leur disposition, en savent, sur la cause de l'ex-baron de Richemont, plus long que l'ex-baron lui même, viennent de lui faire déclarer *qu'ils sont parfaitement convaincus qu'il est le fils de Louis XVI..., mais que son affaire n'étant pas une affaire d'Etat, ils ne lui répondront point officiellement; que, du reste, citoyen comme les autres, il peut s'adresser aux tribunaux et qu'ils ne s'y opposeront nullement.*

En conséquence, avant d'entreprendre un procès dont la publicité pourrait avoir de graves conséquences pour sa famille, le fils de Louis XVI va faire prier sa sœur, madame la duchesse d'Angoulême, de ne point s'exposer aux conséquences d'une procédure dont l'issue ne peut pas être douteuse. Nous croyons même savoir qu'une puissance respectable, qui a formellement reconnu dans l'ex-baron de Richemont le fils de Louis XVI, a offert sa médiation bienveillante entre lui et les parties intéressées. Nous avons donc lieu d'espérer que cette affaire se terminera prochainement sans bruit et à l'amiable, et que les incrédules se lèveront un matin obligés de confesser, avec les puissances de l'Europe, que le fils de Louis XVI existe parmi nous, sous le nom de l'ex-baron de Richemont. Quant à nous qui avons le bonheur de le connaître intimement et de pouvoir apprécier sa haute valeur politique, nous souhaitons que les prochaines élections l'envoient à la chambre des représentants; en conséquence, nous recommandons aux suffrages des amis de la patrie et de la liberté cette victime de toutes les tyrannies.

Paris, 7 novembre 1848.

H. M. DE LA SALETTE.

2e Article de M. de la Salette.

Paris, le 11 décembre 1848.

A Monsieur le Rédacteur de la Revue catholique.

Monsieur le Rédacteur,

Je vous remercie d'avoir inséré dans la *Revue catholique* le petit article que je vous ai transmis sur le fils de Louis XVI; mais je suis bien vivement peiné que votre générosité vous ait attiré du désagrément. Cette cause est un peu comme celle du Sauveur des hommes, à laquelle on ne peut rendre le moindre service sans s'exposer à l'injuste haine des méchants. Vous me dites que plusieurs personnes du parti légitimiste sont allées chez votre éditeur-propriétaire pour lui représenter que cette cause, qu'on introduit dans la *Revue catholique,* doit vouer cette publication au ridicule et la faire tomber; qu'on en a ri beaucoup à l'*Union*, qu'on en hausse les épaules, que les ecclésiastiques qui rédigent la *Revue* sont dupes d'un intrigant, d'un agent de la police, d'un homme qui depuis longtemps fait des escroqueries, qui a trouvé moyen, il y a quelques années, de se faire donner 300,000 fr. par une dame de..., qui a fait beaucoup de bruit à Londres, etc. Vous vous étonnez qu'on ne formule pas ces reproches publiquement au lieu d'aller perfidement les colporter dans l'ombre et bâillonner votre parole. Qu'y faire, Monsieur le Rédacteur? la vérité souffre violence et bientôt elle éclatera et emportera tous les obstacles. Patience et courage. Vous avez maintenant la preuve de l'accusation que j'ai portée contre les partis intrigants et faiseurs. Afin de donner lieu à la publicité de discuter des faits, permettez-moi de dire deux mots de l'une des preuves qui viennent encore s'ajouter tous les jours à celles qui sont reportées dans les *Mémoires d'un contemporain*. Il existe encore cinq respectables personnes qui ont connu, fréquenté et servi la femme Simon depuis 1810 jusqu'à sa mort, arrivée en 1819, et qui lui ont entendu répéter maintes et maintes fois que le prince n'était pas mort, qu'elle avait contribué à le sauver, qu'elle était bien sûre qu'il était vivant, et qu'on le verrait un jour.

Ces personnes racontent, d'après la femme Simon, que le prince fut enlevé, par des agents du prince de Condé, de la manière que voici ; nous citons textuellement : « On amena dans une voiture plusieurs meubles, une manne d'osier à double fond, un cheval de carton et plusieurs joujoux dans la manne, pour amuser le prince. Du cheval de carton on sortit l'enfant qu'on substitua au prince, et l'on mit celui-ci dans un paquet de linge sale qu'on plaça dans la voiture avec la manne, et l'on jeta le linge sale de la femme Simon par-dessus. Cette femme était très-occupée (elle déménageait du temple). Quand il fallut sortir, les gardiens voulaient visiter la voiture ; mais la femme Simon se gendarma, les bouscula, criant que c'était son linge sale, et on la laissa passer. » Mais on a élevé des doutes injurieux sur le caractère de la femme Simon ; c'est pourquoi l'on a adressé aux témoins susdits les questions que voici, avec les réponses qui ont été faites unanimement :

La femme Simon était-elle folle ? — Non, non ; il n'y en a jamais eu aucun signe.

Etait-elle imbécile ou idiote ? — Non, elle n'était pas imbécile, non.

Avait-elle sa tête ? n'était-elle point lunatique ? — Oui, elle avait sa tête ; elle n'était point lunatique, et n'a jamais fait aucune extravagance ; seulement elle avait, sur la fin de sa vie, des absences à cause de son grand âge.

Avait-elle du bon sens? — Oui, elle avait du bon sens naturel, et un bon cœur. Avait-elle de l'ordre et de la tenue dans sa conduite? — Oui, elle était propre, à part les inconvénients de son asthme, et toujours la même; elle approchait des sacrements au moins cinq ou six fois par an; elle est morte très-chrétiennement.

N'était-elle pas ivrognesse? — Non, oh non! jamais, jamais on ne l'a vue ivre, jamais nous n'avons ouï dire qu'elle bût; nous l'aurions su, mais non. Elle s'emportait souvent contre celles de ses compagnes qui lui reprochaient la mort du prince et la maltraitaient de paroles; mais il n'y avait point là d'ivrognerie.

Croyait-elle aux songes? parlait-elle de rêves, de bonne aventure? — Non, jamais.

L'avez-vous jugée sincère, franche et de bonne foi? — Oui, oui.

Vous n'avez pas pensé qu'elle eût quelque intérêt à inventer l'évasion du Temple? — Non, ce qu'elle racontait était au contraire contre tous ses intérêts.

L'avez-vous vue ou crue sous l'influence de quelqu'un qui eût pu la porter à tenir ces discours? — Non, avant 1814, elle ne voyait jamais personne, elle était toujours seule, et, depuis, ses propos ne pouvaient que lui nuire. Il lui venait parfois de grands personnages, mais simplement comme curieux, et nous ne nous sommes jamais aperçues qu'on lui eût laissé de l'argent. Elle avait seulement une pension de quelques centaines de francs.

A-t-elle été constante dans ses dires? — Oui, oui; elle n'a jamais varié ni faibli.

Suivent les signatures.

Voilà un témoignage positif et bien éclairci. Qu'a-t-on à répondre?

Agréez.....

H.-M. DE LA SALETTE.

3° Dialogue d'un noble Milanais:

(Du moins son langage et son accent nous l'ont fait croire de ce beau pays, dont il nous a raconté plusieurs particularités intéressantes).

Dernièrement, faisant un voyage de longue haleine en pays étranger, nous fûmes tout à coup joint par un inconnu qui nous aborda avec une rare politesse et se mit à causer avec nous. Tout intéressait dans sa personne qui était d'une riche taille. Un port majestueux, une voix douce, un organe sonore et une élocution pure et élégante, prévenaient en sa faveur et annonçaient un personnage distingué et de haute extraction; c'était dans le courant du mois de juillet dernier; mais le sujet de la conversation nous est présent, comme si c'était hier. Nous nous mîmes à parler des nouvelles du jour et des derniers événements arrivés en France.

Cet étranger, que nous prîmes à son langage et à son accent pour un noble Milanais, sans en être pourtant bien sûr, car nous n'osâmes lui demander ni son nom ni sa patrie, prit la parole et nous parla en ces termes : « Vous autres Français, vous êtes un peuple poli, brave, généreux, belliqueux et franc, comme le porte votre nom originel; mais un peu légers ou inconstants; et cette légèreté qui vous empêche de réfléchir, fait votre malheur et cause vos commotions politiques. Depuis que votre belle et riche France s'est rendue coupable du plus grand crime dont une grande nation puisse souiller ses annales, si vous en exceptez toutefois le déicide commis par le peuple Juif, en faisant tomber sur l'échafaud la tête du meilleur des rois; elle a reçu de grandes et de fortes leçons de la part du modérateur suprême des peuples et des rois; mais, parce qu'elle n'a pas su ou voulu profiter, la Providence lui en réserve de plus grands et de plus terribles encore, jusqu'à ce qu'elle ait fait réparation et amende honorable à son roi martyr, dans la personne de son fils enlevé du Temple par les soins du prince de

Condé, lequel j'ai vu et connu dans les prisons de Milan, où l'inique politique de Louis XVIII et de l'Empereur d'Autriche l'avait fait renfermer. Vous saurez que les nations sont solidaires vis-à-vis de la justice divine, des attentats qui se commettent dans leur sein. En vertu de cette solidarité qui a commencé dans le jardin d'Eden, et sans laquelle toute société est impossible, Dieu qui a les yeux ouverts sur les actions des hommes, des peuples et des rois, a déposé sa puissance pour un temps bien limité, entre les mains du grand Napoléon qui a châtié l'Europe par la France, et la France par l'Europe. Et lorsque, après avoir défait et rétabli les potentats à sa volonté, ôté et distribué les couronnes selon son bon plaisir, il croit asseoir son empire colossal sur des bases solides et inébranlables; voilà que le Tout-Puissant qui tire le vent de ses trésors, détruit par le souffle de sa bouche, l'armée la plus belle et la plus formidable qu'on ait jamais vue, *ante faciem frigoris ejus quis sustinebit* ? (Ps. 147, v. 6.) et envoie mourir sur un rocher celui qui, dans son fol orgueil, avait osé dire avec le premier des orgueilleux : « Dieu régnera dans le ciel et moi sur la terre : *Deus in cœlo, et ego super terram.* » Après l'Empire est venue la Restauration qui, à plusieurs reprises, a étouffé la voix du fils de Louis XVI, qu'elle pourchassait et faisait emprisonner à Milan, en lui substituant, par sa police, les Mathurin Bruneau, les Pontolive, les Persat, faux Dauphins qu'elle lançait dans le public pour faire oublier le véritable, comme si la fausse monnaie n'était pas un signe certain de la bonne. Mais voilà que, dans le moment même où elle vient de faire tomber sous le coup d'un éventail une puissance barbaresque qui avait, pendant plusieurs siècles, bravé tous les potentats de l'Europe, elle abandonne la victoire et le trône à quelques gamins de Paris; preuve évidente que la couronne ne lui appartenait pas; car un roi légitime s'ensevelit sous les débris de la monarchie expirante. A la restauration a succédé le gouvernement de juillet. Louis-Philippe qui avait reçu la couronne des mains du peuple, parut faible dans les commencements; mais, à force de concessions, de ruse et d'adresse, il s'est solidement établi. Gardé par une armée de 400 mille hommes, protégé par les remparts et les forts de Paris, il se croit inexpugnable et regarde le plus beau trône de l'univers comme l'héritage naturel de sa nombreuse postérité. Mais celui qui hait l'iniquité et qui aime la justice, le jette bas, dans le temps même que ce roi du peuple chante victoire. Vous autres Français, à caractère bouillant et impétueux, vous réfléchissez peu sur ces grands enseignements donnés par une Providence attentive qui pèse les actions des peuples et des rois dans la balance de sa justice éternelle. « Pour moi, qui suis possesseur d'une prophétie qui se trouve dans ma famille depuis 1800, qui ai étudié l'histoire et suivi la marche des événements, j'ai la certitude que tous ces bouleversements, aussi imprévus qu'extraordinaires, arrivent pour réparer une grande injustice commise par une grande nation envers un auguste personnage. Attendez et vous verrez. » Etonné et surpris d'un pareil discours, nous nous hasardâmes de lui demander s'il parlait sérieusement et s'il croyait réellement à l'existence du Dauphin que tous nos historiens faisaient mourir dans la tour du Temple, à la suite des mauvais traitements que lui fit éprouver le féroce Simon, cordonnier de profession, et devenu, par les attentats de la Révolution, le précepteur des enfants de France. Alors cet étranger qui commandait le silence par l'intérêt qu'il savait mettre à la conversation, reprit la suite de son discours et nous exposa avec force et conviction les preuves de l'enlèvement et de l'existence actuelle du duc de Normandie. Il nous cita, entre autres choses, le témoignage du grand pape Pie VI, mort à Valence. Ce saint Pontife, nous dit-il, dans une allocution adressée au sacré collége, trois jours avant son enlèvement sacrilége, annonça que le *jeune Louis-Charles de Normandie*, enlevé du Temple par les agents du prince de Condé, avait d'abord été transporté dans la Vendée, et qu'il jouissait d'une parfaite santé. Cette pièce importante, signée de Pie VI, et revêtue du sceau de l'Etat, se trouve encore aujourd'hui dans les archives de la Cour de Rome. Il nous parla aussi beaucoup des lettres du prince de Condé et d'autres documents qui furent saisis sur le duc de Normandie au moment de son arrestation dans les Etats autrichiens, lettres et documents qui prouvaient évidemment que celui qui en était nanti ne pouvait être que le fils de l'infortuné Louis XVI. Tous les employés de la prison de Milan, ajouta-t-il, et Sylvio Pellico lui-même qui fait mention du duc de Normandie dans son ouvrage intitulé : *Mes prisons*, étaient persuadés que le prisonnier d'Etat retenu au secret le plus rigoureux pendant sept ans dix mois et douze jours, sans qu'on lui ait fait subir aucun interrogatoire, sans qu'on ait pu lui imputer aucun crime, sans qu'il ait été au pouvoir de ses bourreaux couronnés, de trouver dans toute la vie de leur infortunée victime, une seule action digne de blâme pour justifier tant soit peu cet acte d'iniquité arbitraire et inouï dans les annales des nations civilisées et même des peuples barbares, était véritablement son altesse royale Monseigneur le duc de

Normandie, fils du martyr Louis XVI. Aussi, continua le noble Milanais, dès que l'ordre de l'élargissement du prince fut parvenu à Milan, les autorités supérieures s'empressèrent de lui en communiquer le contenu et de lui annoncer qu'il était libre. Ce jour fut un jour de fête pour toute la ville. Employés et gardiens, chacun vint souhaiter bon voyage et bonne chance au *bon monsieur Louis-Charles de Bourbon*. Mais outre ces preuves fournies par l'histoire et mille autres renfermées dans les *Mémoires d'un contemporain*, que j'ai lus avec intérêt, j'ai une prophétie conservée dans ma famille avec soin, que je regarde comme très-authentique, laquelle annonçait longtemps d'avance les événements dont je viens de vous entretenir, et prédit beaucoup d'autres choses qui certainement s'accompliront en temps et lieu. Sollicité par nous, le noble Milanais tira de son portefeuille un vieux manuscrit et nous lut sa fameuse prophétie qui n'est autre que celle que nous connaissons nous-mêmes sous le nom de prophétie d'Orval. Nous croyons devoir la transcrire ici textuellement pour l'intelligence du commentaire qui l'accompagne.

4° Prophétie dite d'Orval, expliquée par un noble Milanais.

« En ce temps-là, un jeune homme venu d'outre-mer dans le pays du celte gaulois, se manifestera par conseils de force; mais les grands qu'il ombragera l'enverront guerroyer dans la terre de la captivité (1). La victoire le ramènera au pays premier. Les fils de Brutus moult stupides seront à son approche, car il les dominera et prendra nom empereur. Moult hauts et puissants rois seront en crainte vraie et son aigle enlèvera moult sceptres et moult couronnes; piétons et cavaliers portant aigle et sang, autant que moucherons dans les airs, courront avec lui dans toute l'Europe; qui sera moult ébahie et moult sanglante. Il sera tant fort, que Dieu sera cru guerroyer d'avec lui. L'Eglise de Dieu moult désolée se consolera tant peu, en voyant ouvrir encore les temples à des brebis tout plein égarées; et Dieu sera béni. Mais c'est fait : les lunes seront passées; le vieillard (2) de Sion maltraité criera à Dieu, et voilà que le puissant sera aveuglé pour péchés et crimes. Il quittera la

(1) L'Egypte.

(2) Le souverain pontife.

grande ville avec une armée si belle, que aucune fût jamais si pareille ; mais oncques guerroyer ne tiendra bon devant la face du temps : la tierce part et encore la tierce part de son armée périra par le froid du Seigneur puissant. Alors deux lustres seront passés depuis le siècle de la désolation ; les veuves et les orphelins crieront à Dieu, et voilà que les hauts abaissés reprendront force ; ils s'uniront pour abattre l'homme tant redouté. Voici venir, avec maints guerroyers, le vieux sang des siècles (1), qui reprendra place et lieu en la grande ville.

Alors l'homme tant redouté s'en ira tout abaissé dans le pays d'outre-mer d'où il était advenu. Dieu seul est grand ! la lune onzième n'aura pas encore relui, et le fouet sanguinolent du Seigneur reviendra en la grande ville, le vieux sang quittera la grande ville. Dieu seul est grand ! il aime son peuple et a le sang en haine. La cinquième lune reluira sur maints et maints guerroyers d'Orient, la Gaule est couverte d'hommes et de machines de guerre ; c'est fait de l'homme de mer ; voici venir encore le vieux sang de l'homme de Cap (2). Dieu veut la paix et que son nom soit

(1) Les Bourbons.

(2) Racine du mot Capet.

béni. Or, paix grande sera dans le pays du celte gaulois; la fleur blanche sera en honneur moult grand, les maisons de Dieu ouïront moult saints cantiques. Mais les fils de Brutus, haïssant la fleur blanche, obtiennent règlements puissants dont Dieu est moult encore fâché à cause des siens; le grand jour est encore moult profané. Ce pourtant Dieu veut éprouver le retour par dix-huit fois dix lunes.

Dieu seul est grand! il purge son peuple par mainte tribulation; mais toujours les mauvais auront fin. En ce temps-là, une grande conspiration contre la fleur blanche cheminera dans l'ombre par mains de compagnies maudites, et le pauvre vieux sang quittera la grande ville, et moult grandiront les fils de Brutus. Les serviteurs de Dieu crieront tout plein à Dieu; mais Dieu, pour ce jour-là, sera sourd, parce qu'il retrempera ses flèches pour bientôt les mettre au sein des mauvais. Malheur au celte gaulois! Le coq effacera la fleur blanche, et un grand s'appellera *roi du peuple;* une grande commotion se fera sentir chez les gens, parce que la couronne sera placée par mains d'ouvriers qui auront guerroyé dans la grande ville. Dieu seul est grand! le règne des méchants sera vu croître; mais qu'ils se hâtent! Voilà que les pensées du celte gaulois se choquent, et que grande division est dans leur entendement. Le roi du peuple, assis, sera vu en abord moult foible, et pourtant contre ira bien des méchants; mais il n'était pas bien assis, et voilà que Dieu le jette bas.

Hurlez, fils de Brutus, appelez par vos cris les bêtes qui vont vous manger. Dieu grand! quel bruit d'armes! Il n'y a pas encore un nombre plein de lunes, et voici venir maints guerroyers. C'est fait; la montagne de Dieu désolée (1) a crié à Dieu, les fils de Judas (2) ont crié à Dieu de la terre étrangère, et voilà que Dieu n'est plus sourd. Quel feu va avec ses flèches? Dix fois six lunes, et pas encore dix fois six lunes ont nourri sa colère. Malheur à toi, grande ville! voici des rois armés par le Seigneur; mais déjà le feu t'a égalée à la terre. Pourtant tes justes ne périront pas: Dieu les a écoutés. La place du crime est purgée par le feu, le grand ruisseau a conduit ses eaux toutes rouges de sang, la Gaule, vue comme délabrée, va se rejoindre. Dieu aime la paix: O venez, jeune prince! quittez l'île de la captivité, joignez le lion à la fleur blanche. Ce qui est prévu, Dieu le veut. Le vieux sang des siècles terminera encore longues divisions. Lors un seul pasteur sera vu dans la

(1) L'Eglise.
(2) Famille royale.

Celte Gaule; l'homme puissant, par Dieu, s'assiera bien, moult sages règlements appelleront la paix, Dieu sera cru guerroyer d'avec lui, tant prudent et sage sera le rejeton de la Cap. Grâce au père de la miséricorde! la sainte Sion rechante dans les temples un seul Dieu grand : moult brebis égarées s'en viendront boire au vrai ruisseau vif. Trois princes et rois mettront bas le manteau de l'erreur et verront clair en la foi de Dieu, un grand peuple de la mer reprendra vraie croyance en deux tierces parts. Dieu est encore béni pendant quatorze fois six lunes et six fois treize lunes. Dieu seul est grand, ces biens sont faits, les saints vont souffrir. L'homme du mal arrive de deux sangs, il prend croissance, la fleur blanche s'obscursit pendant dix fois six lunes et six fois vingt lunes, et disparaît pour ne plus paraître. Moult de mal, peu de bien seront en ce temps-là, moult grandes villes périront. Israël viendra à Dieu Christ de tout de bon. Sectes maudites et fidèles seront en deux parties bien marquées. C'est fait, Dieu seul sera cru, et la tierce part de la Gaule, et encore la tierce part et demie n'aura plus de croyance, comme aussi les autres gens. Et voilà déjà six fois trois lunes et quatre fois cinq lunes qui sont passées, et le siècle de fin a commencé après le nombre non fait de ces lunes. Dieu combat par ses deux justes, et l'homme du mal a le dessus. Mais c'est fait, le haut Dieu met un mur de feu qui obscurcit mon entendement, et je n'y vois plus. Qu'il soit béni à jamais. Amen. Ainsi soit-il.

EXPLICATION.

Quand le noble Milanais eut fini la lecture de son vieux manuscrit, il nous parla ainsi : « Maintenant que les faits qui concernent Bonaparte, le plus grand capitaine des temps anciens et modernes sont accomplis, ils sont devenus très-intelligibles ; mais avant cet accomplissement, ils avaient une aussi grande obscurité que ceux que nous considérons à travers le sombre voile d'un avenir plus ou moins rapproché de nous. En effet, si en 1792, six à sept ans environ avant l'expédition d'Egypte, on vous eût demandé le nom du jeune héros que les *grands* ou les Conventionnels devaient envoyer dans la terre de la captivité, vous auriez été fort embarrassé de répondre, malgré votre prophétie. Mais, l'histoire à la main, vous suivez pas à pas ce foudre de guerre, dont le Dieu des armées devait abattre la puissance à Moscou pour l'envoyer expirer sur le rocher de Sainte-Hélène. Il en est de même de la restauration, dont le tableau est tracé de main de maître dans ma prophétie. Auriez-vous jamais deviné, avant l'événement, que les *règlements puissants obtenus* par les fils de Brutus, ou les républicains qui haïssent, par principe, le gouvernement monarchique, n'étaient autre chose que la charte octroyée par le déiste Louis XVIII, laquelle portait dans son sein le germe de tous les bouleversements politiques et religieux? Qui aurait pu dire, en 1825, que le duc d'Orléans recevrait en 1830, sous le *nom de roi du peuple*, la couronne de mains d'ouvriers à qui il donnerait, en échange, des poignées de mains dans les rues de Paris? Mais je me hâte d'arriver à la partie non encore accomplie sur laquelle, puisque vous le désirez, je vous soumettrai les réflexions interprétatives que j'ai faites, réflexions que les événements de chaque jour semblent de plus en plus justifier. A mon avis, la clef de cette prophétie se trouve dans ces mots: « *Il n'y a pas encore un nombre plein de lunes.* » qui ont été interprétés de vingt manières différentes. Doit-on entendre par-là, une année, dix ans, quinze ans, etc....? Non, rien de tout cela. *Un nombre plein de lunes* signifie tout simplement le *cycle lunaire*, période de dix-neuf années lunaires, à la fin desquelles les nouvelles et pleines lunes reviennent aux mêmes jours auxquels elles étaient arrivées dix-neuf ans auparavant. Or, les quatre ans du consulat, désignés par: *les lunes seront passées;* les dix années de l'empire clairement annoncées par : *Les deux lustres seront passés ;* quinze ans de la restauration indiqués par : *dix-huit fois dix lunes*, nous mènent évidemment à 1830, époque où commence le cycle lunaire que Louis-Philippe ne doit pas voir finir ; *mais il n'était pas bien assis, et voilà que Dieu le jette bas*. Arrêt de la Justice divine exécuté à la lettre le 24 février 1848, un peu plus de dix-huit mois avant le *nombre plein de lunes*. « *Hurlez, fils de Brutus, appelez par vos cris les bêtes qui vont vous manger.* »

Les républicains qui, par leurs fausses doctrines, ont aboli le droit divin, confondu tous les principes, rompu tous les liens de subordination par la proscription du christianisme qui peut *seul* sauver la société, vont, par la force des choses, *digitus Dei est hic*, être envahis, emportés par le *socialisme* qui, comme un torrent impétueux, dévorera leurs personnes et leurs biens, et tout cela se fera, au nom de la *liberté*, de l'*égalité* et de la *fraternité*. Remarquez bien que c'est avec ces mots que l'ennemi de tout bien perdit *Adam* et sa postérité dans le jardin d'*Eden*. Les insensés ! qui ont voulu détruire sur la terre cette belle hiérarchie dont la perfection est au ciel, sans laquelle toute société est impossible ! *Dix fois six lunes et pas encore dix fois six lunes ont nourri sa colère*. Ce nombre de lunes, qui fait un peu moins de dix ans, a commencé, selon plusieurs personnes très-versées dans l'interprétation des prophéties de 1838 à 1839, époque où le roi d'un peuple, se croyant enfin solidement établi, a déclaré d'une manière toute spéciale la guerre au Très-Haut, dont il a voulu faire cesser sur la terre tous les jours de fêtes, en faisant travailler tous les dimanches, sur différents chantiers de l'Etat, mais surtout aux fortifications de Paris. *Quiescere faciamus omnes dies festos Dei à terrâ* (Ps. 73, v. 8).

La loi tyrannique sur l'enseignement secondaire, élaborée avec une malice infernale, présentée trois fois différentes avec une astuce et une audace persévérantes, n'avait-elle pas pour but de miner peu à peu, par l'enseignement universitaire surtout, l'édifice antique du christianisme, pour se procurer le plaisir satanique de le voir, dans un délai donné, crouler avec un fracas épouvantable qui aurait plongé votre belle France, et avec elle toute l'Europe dans un nouveau chaos? Voilà ce qui a, par-dessus tout, allumé la colère divine qui doit éclater d'une manière terrible avant l'expiration du nombre plein de lunes. « Venez, jeune prince, joignez le *lion* à la fleur blanche. » Peut-on annoncer d'une manière plus claire le mariage du duc de Bordeaux avec une princesse de Modène, dont les armoiries sont représentées par le *lion*, comme le *lis* figure celles de la maison de Bourbon?

« Le vieux sang des siècles terminera encore longues divisions. » Voilà qui a trait à Louis XVII dont je vous ai déjà entretenu. Vous avez l'air de sourire, M. le Dauphinois, mais, si vous aviez eu l'honneur de voir ce prince, comme moi, d'apprécier ses éminentes qualités, vous partageriez certainement mon opinion là-dessus. Du reste, les événements marchent rapidement ; ils sont à la porte : encore un peu de patience et vous verrez.... » *Lors un seul pasteur sera vu dans la Celte Gaule*, etc.

L'auguste orphelin du Temple, le prisonnier de Milan, le fils infortuné de Louis XVI, en un mot, est encore désigné sous la figure d'un seul pasteur. Dans le langage prophétique, comme dans l'Ecriture sainte, le terme *pasteur* est synonyme de conducteur, chef, roi. Ainsi, dans Ezéchiel, Dieu dit : « *Suscitabo super eas pastorem unum qui pascat eas, servum meum David.... Servus meus David princeps in medio eorum.* » Je susciterai sur mes brebis le pasteur unique que j'ai choisi pour les paître, mon serviteur David.... qui sera au milieu d'elles comme leur prince (Ezech. 34, v. 23). Comme il n'appartient à aucun parti, et qu'il a été également méconnu et repoussé par tous, il rendra à tous une rigoureuse et stricte justice : voilà comme il parviendra à réunir tous les partis qui déchirent maintenant encore votre belle et malheureuse France, et par elle une partie de l'Europe, ce grand monarque que Dieu va donner à votre infortunée patrie dans sa grande miséricorde, ayant été également rejeté et même persécuté par la plupart des potentats qui connaissaient parfaitement son enlèvement du Temple et son existence actuelle ne se trouvera point liée par les traités de 1814 et de 1815 si humiliants pour la France, pour l'Italie et pour la malheureuse Pologne : il pourra donc agir en toute liberté et rendre à sa patrie, qu'il aime d'un amour de prédilection, cette nation si célèbre par son courage et par sa magnanimité, le rang qu'elle doit occuper parmi les puissances de l'univers entier dont elle redeviendra l'arbitre et la souveraine, comme aux temps des Charlemagne, des Louis IX et des Louis XIV, et dites-moi, à moins d'envoyer un ange du ciel, Dieu, dans sa sagesse infinie, pouvait-il faire un meilleur choix pour tirer la France de cet état d'humiliation et de misère dans lesquelles l'ont jetée les différents partis qui se disputent et s'arrachent mutuellement le pouvoir d'un demi-siècle, et pour faire sortir l'Europe de cet état d'anarchie qui menace d'entraîner les peuples et les rois dans un abîme sans fond. D'ailleurs, ne voyez-vous pas que depuis assez longtemps la France et l'Europe sont travaillées, comme une femme dans les douleurs de l'enfantement, et que, dans l'ordre de la divine Providence qui ne s'occupe jamais mieux du gouvernement du monde que lorsque les esprits légers et ignorants pensent qu'elle en a abandonné la direction au génie du mal. Cet état de crise et de bouleversement général, est le présage et l'annonce d'un heureux et d'un bel avenir auquel nous touchons. Hâtons-en l'arrivée par nos prières et notre retour sincère vers Dieu !

Ces dernières paroles, prononcées avec conviction, le noble Milanais se sépara de nous et nous ne l'avons jamais revu.... En comparant ce qui est arrivé depuis, ce qui se passe aujourd'hui en France, en Italie et ailleurs, avec l'entretien de cet inconnu, nous serions vraiment tenté de le regarder comme un prophète qui cachait la connaissance qu'il avait de l'avenir sous l'apparente interprétation d'une ancienne prédiction. Quoi qu'il en soit, nous appelons surtout l'attention de nos lecteurs sur ces paroles touchantes de la lettre du fils de Louis XVI. « Elle s'empresserait, » je n'en doute pas, d'accorder et de reconnaître à son fils qui, lui aussi, est depuis » longtemps une victime de nos discordes civiles, les droits de citoyen français, le seul » but de son ambition. » Oui, ce bon prince juge et apprécie parfaitement la France, notre chère patrie; cette grande et généreuse nation qui accueille et protége toutes les infortunes, ne repousserait pas la plus grande, la plus longue et la plus inouïe de toutes, si chaque pouvoir honteux de son origine et craignant sans cesse pour son existence éphémère, ne s'était étudié à la lui cacher, chaque fois que cette royale victime a élevé la voix pour la lui faire connaître. Mais pourquoi cette obstination, cette entente, cette persistance de tous les pouvoirs à étouffer la voix de l'auguste orphelin du Temple, de l'infortuné prisonnier de Milan, ou à la confondre avec celle des faux Louis XVII, lorsqu'elle avait trop de retentissement, sinon parce que l'on était convaincu que, si la France l'entendait, elle s'empresserait de réparer la plus longue et la plus inouïe de toutes les iniquités, comme la plus criante et la plus odieuse des injustices.

Quoi! depuis plus d'un demi-siècle ce noble descendant des Louis IX, des Henri IV, des Louis XIV et du martyr Louis XVI, demande pour tout privilége, de pouvoir porter publiquement le nom de l'auguste auteur de ses jours, victime pure de notre révolution, réclame pour tout bien, le droit d'habiter avec les garanties dues à chaque citoyen, le beau pays qui l'a vu naitre! Et tous les pouvoirs lui ont refusé ce nom, son seul héritage, et ce droit, son unique patrimoine; l'ont pourchassé comme une bête fauve, l'ont relégué dans l'empire des morts, à l'aide d'un acte de décès mensonger, et personne n'a osé élever la voix en sa faveur. Grand Dieu! dans quel siècle vivons-nous donc! Que sont devenues cette loyauté, cette franchise, cette générosité, cette magnanimité, ces nobles et chevaleresques vertus de nos ancêtres, qui ont toujours distingué le peuple français des autres nations de la terre?

Le moment est venu où chaque citoyen en qui le sentiment de l'honneur n'est pas encore éteint, doit enfin payer le petit tribut de sa bonne volonté à la plus grande infortune des temps anciens et modernes, et contribuer ainsi à réparer la plus criante, comme la plus inouïe des iniquités. O chers concitoyens! cette dette sacrée, due par chacun de nous à l'auguste orphelin du Temple, l'homme le plus vertueux, le plus instruit de son siècle et le plus ami du peuple, sera acquittée, du moins en grande partie, si, aux élections prochaines nous envoyons à la chambre législative, comme représentant du département de l'Isère, M. l'ex-baron de Richemont, en qui coule le noble sang de Louis XVI, martyr de sa foi et victime de son amour pour son peuple.

Nous apprenons à l'instant que l'article de

M. de la Salette, intitulé *Le fils de Louis XVI*, avait été réimprimé à Bordeaux à 3000 exemplaires; à Lyon, à 11,000; à Paris, à 10,000; à Mouy (Oise), et dans d'autres villes, à un nombre très-considérable, mais sans chiffre connu. Nous tenons aussi de bonne source que M. l'ex-baron de Richemont est porté comme candidat de la chambre législative qui va remplacer la Constituante, dans les départements de la *Seine*, de la *Seine-Inférieure*, du *Bas-Rhin*, de la *Loire*, du *Rhône*, du *Var*, des *Bouches-du-Rhône*. Il ne serait pas juste que le beau département de l'Isère, qui, pendant si longtemps, a porté le nom du Dauphin, fut privé de cet honneur. Nous pouvons encore donner pour certains les faits suivants qui ne sont pas relatés dans les *Mémoires d'un contemporain* : « 1° M. Pétré, premier valet de pied de Charles X, racontait en mai ou juin 1816, que madame d'Angoulême, ayant été à Versailles avec le duc de Berry, pour voir son frère, le reconnut si bien, qu'étant à table avec son oncle et sa famille, elle fit part de la connaissance qu'elle avait faite de son frère : que son oncle, Louis XVIII l'interdit en lui disant : Madame, si de pareils propos sont récidivés par vous, je vous fais exiler à l'instant. » Ainsi le certifie madame veuve Pécourié, née Aubri, en date du 20 janvier 1849.

De 1820 à 1822, on ne peut préciser la date,

M. le baron de Tardif, dans une visite à madame la comtesse de Bussenne « lui confia qu'il arrivait de Milan, où il avait vu le prince, fils de Louis XVI; qu'il était, *lui*, le père de l'enfant introduit au Temple, et mis à la place du Dauphin, et que son fils avait les cheveux rouges. » Ainsi le certifie, en date du 7 février 1849, madame veuve Pécourié, qui assista à l'entrevue.

Autre fait, non moins frappant : madame Ladrée, née Rousseau, âgée de 80 ans, témoin vivant et jouissant de la plénitude de ses facultés, ainsi que de l'estime de toutes les personnes qui la connaissent, a déclaré ces jours derniers à M. de la Salette, et par pièce authentique : « qu'elle avait connu le jeune Dauphin avant son incarcération (elle en conserve un fort beau médaillon où le Dauphin est représenté âgé d'environ 8 ans); qu'habitant en 93 et 94, en face du Temple, elle avait des nouvelles presque tous les jours; *qu'elle a vu entrer au Temple et en ressortir, en 1794, un cheval de carton, long au moins de quatre pieds et demi;* que peu de jours après, une ancienne nourrice du Dauphin fut mandée au Temple, conduite près de l'enfant, et qu'on lui demanda : « Reconnais-tu ton élève? — Non, répondit-elle, mon élève avait les cheveux blonds, celui-là les a rouges; mon élève avait les yeux bleus, celui-là les a noirs. — Tu pourrais te tromper, nourrice : les cheveux changent, lui dit-on. — Oui, répondit-elle, mais les cheveux blonds ne deviennent pas rouges, et les yeux bleus ne deviennent pas noirs. » Avant d'entrer au Temple, et lorsqu'elle en sortit, cette nourrice se rendit chez une dame Bertrand, son amie, où elle raconta ce qui venait de lui arriver, et où madame Ladrée, qui voyait souvent cette dame, l'apprit le même jour.

Qu'on pèse la gravité de ces nouveaux témoignages et de mille autres qu'on pourrait donner, si on ne craignait pas d'être trop long! Et qu'on ose dire après que le Dauphin est mort dans la prison du Temple? Mais, s'il n'est pas mort à cette époque, il est certainement vivant, puisque nulle part ailleurs il n'est fait mention de son décès; mais s'il est plein de vie et de santé, comme nous le croyons fermement avec toutes les personnes raisonnables qui ont étudié et approfondi cette importante question, il ne peut exister que dans la personne de M. l'ex-baron de Richemont, qui s'est constamment donné pour le fils de Louis XVI, et qui n'a jamais été démenti.

« Nous le savons, on ne manquera pas de nous opposer le prétendu silence du prince de Condé, de la duchesse douairière d'Orléans, de Joséphine et d'autres personnages éminents qui portaient au Dauphin un si vif intérêt, et qui cependant, dit-on, n'ont pas laissé trace de leur conviction. Cette objection prouve, ou l'ignorance des faits ou la mauvaise foi, et rien de plus ; car tous ces personnages ont parlé et écrit en faveur du fils de Louis XVI. Le prince de Condé fit, en premier lieu, notifier à toutes les cours de l'Europe l'enlèvement du Dauphin de la Tour-du-Temple, et il exposa ensuite, dans un écrit bien détaillé, qu'il rédigea de sa propre main, toutes les circonstances qui précédèrent, accompagnèrent et suivirent cet enlèvement ; il donna aussi dans cet écrit les raisons qui l'obligeaient à condamner l'Orphelin royal à une obscurité momentanée et à le confier à la loyauté du général Kléber, plutôt qu'à ses parents ou à quelque monarque de l'Europe. Le brave Kléber, dépositaire de cet écrit, le remit avec le jeune prince à son ami Desaix, lorsque celui-ci quitta l'Egypte pour venir assister à la bataille de Marengo où il trouva une mort glorieuse. Le Dauphin, recommandé à Fouché par le général Desaix qui lui avait rendu le paquet du prince de Condé et fait une lettre pour le ministre de la police, fut obligé de partir pour le Brésil, afin de se soustraire aux recherches du premier consul qui connaissait son enlèvement du Temple (Voyez *Mémoire d'un contemporain*, page 108, 109 et suivantes). La bonne Joséphine a parlé en faveur du royal or-

phelin à l'empereur Napoléon, au moment de son divorce, à l'empereur Alexandre, en 1814, et c'est en vertu de ces révélations et de plusieurs documents dont les puissances de l'Europe étaient dépositaires, qu'elles commencent le traité de Paris de 1814, avec cette clause étonnante : « Que bien que les hautes puis-
» sances contractantes *n'aient pas la certitude de*
» *la mort du fils de Louis XVI*, la situation de
» l'Europe et les intérêts publics exigent
» qu'elles placent à la tête du pouvoir, en
» France, Louis-Xavier-Stanislas-Joseph, com-
» te de Provence, sous le titre de roi, *ostensi-*
» *blement, mais n'étant de fait dans leurs trans-*
» *actions secrètes, que régent du royaume*, pen-
» dant les deux années qui vont suivre, se
» réservant, pendant ce laps de temps, d'ac-
» quérir toute certitude sur un fait qui déter-
» minera ultérieurement quel doit être le sou-
» verain régnant de la France, etc..... (*Mé-*
» *moires*, page 97). »

Pourquoi, si le neveu est mort au Temple en 1795, l'oncle, quatre ans plus tard, ne se fit-il pas proclamer roi, ni ne fut, vingt ans plus tard, proclamé roi par ses alliés qui avaient travaillé à sa restauration? Pourquoi Louis XVIII ne s'est-il jamais fait sacrer quoique les deux chambres qui avaient voté les fonds nécessaires pour cette imposante cérémonie, le demandassent chaque année? A chaque réclamation le gouvernement du roi opposait des motifs tous plus frivoles les uns que les autres, parce que l'on n'osait pas avouer le véritable qui était le refus formel du souverain pontife qui connaissait l'enlèvement et l'existence du fils de Louis XVI. La duchesse douairière d'Orléans a parlé et a écrit en faveur du royal orphelin. Six ou sept mois avant sa mort, cette princesse remit à M. Labreli de Fontaine un cahier petit format, contenant quinze ou seize pages d'écriture, toutes de la main de la duchesse, composé de notes relatives à des lettres de son altesse sérénissime le vieux prince de Condé, ou des réponses reçues de lui, auquel manuscrit étaient jointes deux lettres dont la signature paraissait être de la main du prince, etc.

En juin 1832, M. Labreli de Fontaine remit tous ces papiers à M. le baron de Richemont, duc de Normandie, ainsi qu'il le certifie (*Mémoires*, page 159). Le 29 août 1833, jour de l'arrestation de l'ex-baron de Richemont, on fit chez lui une perquisition dans laquelle on saisit le cahier susdit, quelques lettres autographes du prince de Condé, plusieurs lettres, une main-courante, etc. (*Mémoires*, page 218). Dans cette circonstance on en voulait surtout aux papiers. Le portier de la maison qu'habitait M. l'ex-baron de Richemont, a attesté en pleine audience, que la *police mit en œuvre tous les moyens possibles de terreur.* (*Mémoires*, page 258.) On viola même une maison de Passy où l'on croyait en trouver (*Mémoires*, page 263). Aucun de ces papiers saisis à Rodez chez le malheureux Fualdès (*Id.*, page 160), saisis à Milan (*Id.*, page 166), saisis à Paris et ailleurs, aucun n'a été rendu, les chancelleries ont tout gardé. Et voilà probablement pourquoi l'Assemblée nationale et le gouvernement de la République *ont fait déclarer au baron de Richemont qu'ils sont parfaitement convaincus qu'il est le fils de Louis XVI....* mais « que son affaire » n'étant point une affaire d'Etat, ils ne lui » répondraient point officiellement; que ci- » toyen comme les autres, il pouvait s'adres- » ser aux tribunaux, et qu'ils ne s'y oppose- » raient nullement. »

Combien d'autres preuves péremptoires nous pourrions extraire des *Mémoires d'un contemporain*, si nous ne craignions pas d'être trop long? Pour abréger, nous renvoyons ceux de nos lecteurs qui conserveraient encore quelque doute sur l'existence du fils de Louis XVI, à cet intéressant ouvrage. Nous sommes donc maintenant en droit de conclure que c'est par ignorance des faits ou par une insigne mauvaise foi qu'on nous oppose le prétendu silence de certains personnages éminents qui portaient un intérêt si vif à l'auguste orphelin du Temple. Mais nous objecterons encore :

Pourquoi le fils de Louis XVI lui-même, connu dans le monde sous le nom de M. l'ex-baron de Richemont, n'a-t-il pas lancé un manifeste au public pour s'annoncer et se produire, se faire voir, examiner et juger par ses concitoyens, au lieu de se glisser furtivement et d'interposer, pour ainsi dire, toujours des tiers entre sa personne et ses juges naturels? Cette objection, ainsi que les précédentes, est le fruit ou de l'ignorance ou de la mauvaise foi. Quoi! M. l'ex-baron de Richemont qui a solennellement protesté contre les traités ignominieux de 1814 et 1815, et envoyé sa protestation à tous les souverains de l'Europe, qui a constamment repoussé toutes les propositions qui lui étaient faites dans les prisons de Milan, de la part de la cour d'Autriche, qui promettait de le faire reconnaître et de le faire proclamer roi de France après la mort de Louis XVIII, s'il voulait signer les traités de 1815, si humiliants pour la France; qui a adressé une pétition à la chambre des pairs en 1828, qui a écrit à la duchesse d'Angoulême sa sœur, nombre de fois, mais surtout en 1830, qui a envoyé des pétitions à la chambre des députés, de nouvelles protestations aux souverains de l'Europe en 1830, etc.

Il n'a pas lancé de manifeste, mais qu'on nous dise donc ce qu'on entend par manifeste?

www.ingramcontent.com/pod-product-compliance
Ingram Content Group UK Ltd.
Pitfield, Milton Keynes, MK11 3LW, UK
UKHW020215200726
13856UKWH00004B/1404